U0283699

水害治理创新实践手册

王福州　张江波　主编

中国建材工业出版社

图书在版编目（CIP）数据

水害治理创新实践手册 / 王福州，张江波主编 .--
北京：中国建材工业出版社，2022.4
ISBN 978-7-5160-3371-5

Ⅰ．①水…　Ⅱ．①王…　②张…　Ⅲ．①建筑防水－手
册　Ⅳ．①TU57-62

中国版本图书馆 CIP 数据核字（2021）第 242089 号

内容简介

本书内容主要包括 11 章：既有管道水害治理与防护、建筑水害治理、建筑水害防护、道路维修与防护、水利工程水害治理与防护、隧道水害治理、桥梁修复与防护、水池渗漏治理与防护、抗洪救灾、灾后重建与生态修复以及工程建设新产品、新技术，通过工程中实拍的大量图片辅以少量文字，使读者在简单的翻阅之后，即可了解城市中的建筑、道路、隧道应该如何治理和防护，才能在水害即将到来之时尽量做到减少人员伤亡和财产损失。

水害治理创新实践手册
Shuihai Zhili Chuangxin Shijian Shouce
王福州　张江波　主编

出版发行：中国建材工业出版社
地　　址：北京市海淀区三里河路 1 号
邮政编码：100044
经　　销：全国各地新华书店
印　　刷：北京天恒嘉业印刷有限公司
开　　本：710mm×1000mm　1/16
印　　张：6
字　　数：70 千字
版　　次：2022 年 4 月第 1 版
印　　次：2022 年 4 月第 1 次
定　　价：58.00 元

本社网址：www.jccbs.com，微信公众号：zgjcgycbs
请选用正版图书，采购、销售盗版图书属违法行为

本书如有印装质量问题，由我社市场营销部负责调换，联系电话：（010）88386906

杨　宏　中铁二十局集团
何志强　中建科工集团有限公司
刘矿忠　浙江上嘉建设有限公司
安贝贝　河南省建设集团有限公司
张小彦　河南省建设集团有限公司
宋志刚　河南省城乡建筑设计院有限公司
陈垣宏　江苏帅龙置业淮安有限公司
陈森森　南京康泰建筑灌浆科技有限公司
蔡家润　机械工业第六设计研究院有限 公司
李中华　中铁十四局集团
黄晨亮　河南省地岩工程科技有限公司
周　涛　东方经典集团
肖虎岑　河南省大河基础建设工程有限公司
张占发　河南地壳土壤环保科技有限公司
张金鹏　天津梦工坊创新科技公司
王　昂　黄河科技学院
刘建秀　郑州轻工业大学
陈　琳　扶沟县发展投资集团有限公司
姚学同　河南省城乡规划设计研究院
蔡家润　机械工业第六设计研究院
承星煜　洛阳市规划建筑设计研究院有限公司
周少伟　洛阳市规划建筑设计研究院有限公司
王林枫　河南农业大学
张再军　河南省恒诚工程管理有限公司

郄志红　河北农业大学

李　艺　东北大学

张　波　哈尔滨供水集团有限责任公司

陈　玲　许昌华通路桥监理检测有限公司

王　元　宏正工程设计集团股份有限公司

冯　俊　湖北交投智能检测股份有限公司

赵剑峰　浙江小塔塔峰软件技术有限公司

陈亨武　浙江鲁班智联工程科技有限公司

赵国平　中核华纬工程设计研究有限公司

宋常武　浙江求是工程咨询监理有限公司

邢红昌　河南科维达工程管理有限责任公司

张素萍　中科成建工程咨询有限公司

刘志勇　中天公信勘察设计院

黄博师　重庆常春藤装饰设计工程有限公司

薛迎春　甘肃嘉宁工程咨询有限公司

龙海楠　华诚博远工程技术集团有限公司

傅长荣　丽水学院

文学博　永泽建设管理有限公司

曲文翰　金建工程设计有限公司

尹伟齐　郑州市市政工程勘测设计研究院

陈新福　江西宏锦毕慕工程技术有限公司

丁纯刚　河南丰晟建筑设计有限公司

陈景松　中新创达咨询有限公司

牟海军　鲁班软件股份有限公司

刘宝申　中国新兴建筑工程有限责任公司
戈国梁　上海馥申企业发展有限公司
吴　佳　杭州数筑云科技有限公司
张　磊　新乡学院
贾学军　中国建筑第二工程局有限公司华中公司
李春蓉　鲁班软件股份有限公司
张为然　郑州赛诺建材有限公司
王　艳　郑州赛诺建材有限公司
杨其俊　郑州赛诺建材有限公司
李中梁　郑赛修护技术有限公司
秦　勇　郑赛修护技术有限公司
焦　齐　郑赛修护技术有限公司
李冰冰　郑赛管道技术有限公司
张明翼　郑赛管道技术有限公司
张梦梦　郑赛管道技术有限公司
王明州　郑赛工程防护有限公司
陈垣恒　郑赛工程防护有限公司
邢淑丽　郑赛生态农业技术有限公司
尹亚娟　郑赛生态农业技术有限公司
赵晓霞　郑赛工业生态技术有限公司
倪鑫鹏　郑赛工业生态技术有限公司
韦金金　郑赛工业生态技术有限公司

前言

2018年，新疆哈密“7·31”特大暴雨造成山洪，引发射月沟水库漫顶并局部溃坝，造成20人遇难、8人失踪，8700多间房屋及农田、公路、铁路、电力和通信设施受损，仅射月沟水库经济损失就达1.7亿元，其他经济损失高达7.96亿元。

2021年7月17日开始至8月2日，河南省极端强降雨共造成302人遇难，50人失踪。其中，郑州市受灾人口188.49万人，受灾村庄1126个，倒塌房屋5.28万间，农作物受损167.24万亩、绝收43.49万亩，直接经济损失达532亿元。

2021年8月8日开始，湖北省又发生新一轮强降雨，造成襄阳、随州、孝感28.61万人受灾，紧急避险7216人，紧急转移安置5943人。

2021年8月26日，河南省灾后恢复重建工作领导小组召开第一次会议，深入贯彻习近平总书记关于防汛救灾工作重要指示，认真落实李克强总理在河南省考察指导时的讲话要求，听取灾后重建工作进展情况汇报，研究部署灾后重建下步工作。突出重点抓重建……要尽快修复重建水毁工程，做好病险水库、险工险段险堤的除险加固，深化流域治理，全面提升防汛抗灾能力……切实把好事办好、实事办实，让群众满意。

从暴雨到洪涝，再到灾害，人们经历着生死考验。“千年一遇”的大暴雨、大洪水等极端天气事件在2021年人们生活中频频出现。

本书实践案例中的相关技术、材料、工艺，大多源于郑州赛诺建材有限公司，尤其是其曾经在郑州施工的地下会所、别墅屋面和边坡治理等工程，在“7·20”特大暴雨中，没有遭受损毁。

郑州赛诺建材有限公司凭借多年的水害治理技术，积极捐献抢险材料——土壤成岩剂，投入无人机、清淤车等机具，先后派出多批专业团队奔赴新乡、鹤壁、新密等重灾区参与抢险救灾和灾后重建工作，积累了大量一手灾后重建工程的成功案例。

值此契机，为了进一步推动我国在灾后工程缺陷治理领域新理念、新技术、新材料、新工艺方面的创新发展和应用，我们将近年来在工程实践中的水害治理和防护经验进行了总结，选取了具有典型性、迫切性的地下管道、新旧建筑、道路、水利、隧道、桥梁、水库等抗洪救灾、灾后重建方面的工程案例缩编成图册，试图通过更简洁、更直观、更灵活、更快捷、更实用的方式以图文形式展现，集中将工程实践所得到的解决方案提供给行业同人共同研讨、共同提高，争取将灾后重建工程做到完美。

本书在编写过程中，得到了各相关企事业单位和各界学者专家、技术人员的大力支持和帮助，在此一并表示深深的谢意！

因编者水平有限，书中难免有不妥之处，敬请各位读者给予谅解和批评指正。

编　者

2021 年 11 月 8 日

目 录

1 既有管道水害治理与防护

2 建筑水害治理

3 建筑水害防护

4 道路维修与防护

5 水利工程水害治理与防护

6 隧道水害治理

7 桥梁修复与防护

8 水池渗漏治理与防护

9 抗洪救灾

10 灾后重建与生态修复

11 工程建设新产品、新技术

1 既有管道水害治理与防护

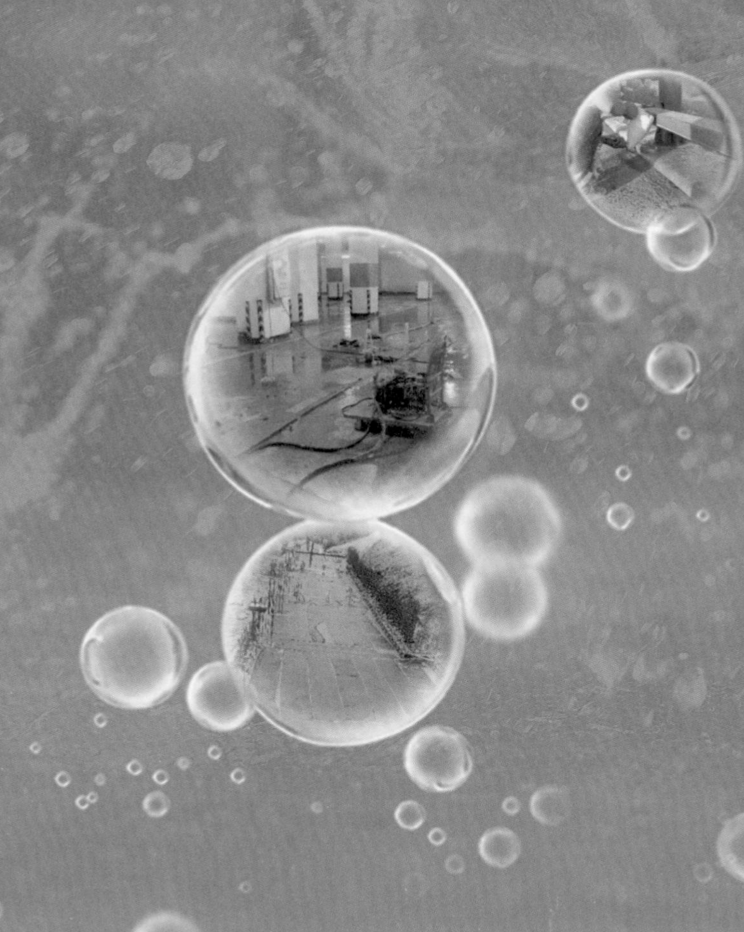

1.1 管道内窥检测

管道内窥检测时，利用管道检测潜望镜（QV 检测仪）和管道内窥系统（CCTV 检测机器人）进行管道缺陷、淤堵检测，如图 1-1 所示。

图 1-1 QV 检测仪和 CCTV 检测机器人进行管道缺陷、淤堵检测

1.2 地下既有水泥管道渗漏治理

地下既有水泥管道渗漏时，首先用胀管法把原管道破除，然后穿插进入同直径的新管道，最后在新管道周围灌注流态成岩土加固保护，如图 1-2 所示。

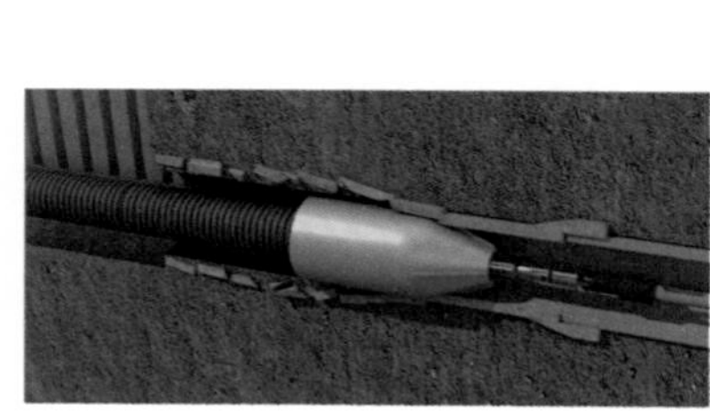

图 1-2 管道破除法

1. 市政雨、污管道错口、压扁渗漏治理

市政雨、污管道因错口、压扁产生渗漏时，用管道抬升装置将错口的管道抬升，把压扁的管道复圆，然后向管道外围灌注成岩土，形成高强度高抗渗的加固体，如图 1-3 所示。

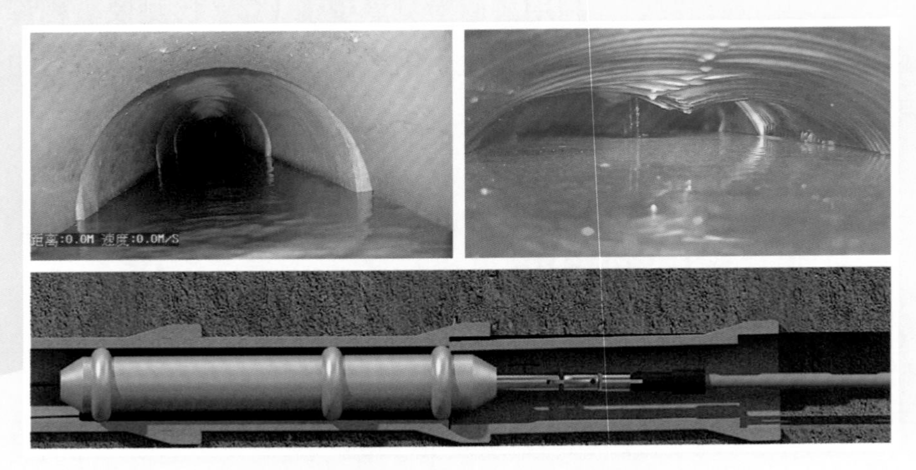

图 1-3　管道错口、压扁渗漏治理

2. 污水检查井渗漏治理

污水检查井渗漏时，将无机防腐、抗渗、加固的浆料喷覆在管道内壁上。污水检查井渗漏治理前、后情况，如图 1-4 所示。

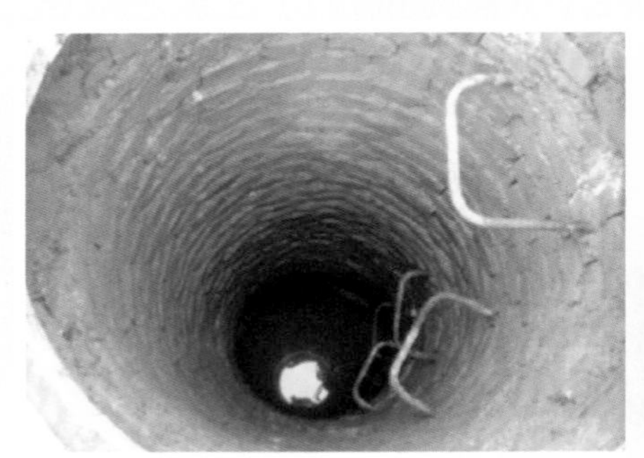

图 1-4　污水检查井渗漏治理前、后效果对比

1.3 新建给、排水管道水害防护

1. 新建给、排水管道水害防护

采用掺配高性能水泥激发剂生产抗渗 P30 混凝土预制给、排水管道，可应对未来可能发生的极端天气。

（1）普通管道抗压能力和抗渗性能较低，易破裂漏水，导致路基塌陷，如图 1-5 所示；

（2）预制强度、抗渗性能较高的 P30 混凝土管道，可应对极端天气，预防水害。掺配高性能水泥激发剂的管道，如图 1-6 所示。

图 1-5 路基塌陷

图 1-6 掺配高性能水泥激发剂的管道

2. 新建给、排水管道接口柔性密封防护

新建给、排水管道接口采用承插柔性接头，以适应后期使用时产生的一定的基础沉降，减少渗漏的发生。柔性接头应设计为双柔性密封，在双密封环之间的管壁位置设计一个注浆孔和排气孔，位置相差 90° 。承插接头安装固定后，在注浆孔内注射柔性密封浆料（可将双密封装置理解为限位装置，防止密封浆料在

注浆过程中溢出）。管道接口外部应采用耐根穿刺胶带密封，防止植物根系破坏接口。给水管道内防护如图 1-7 所示。

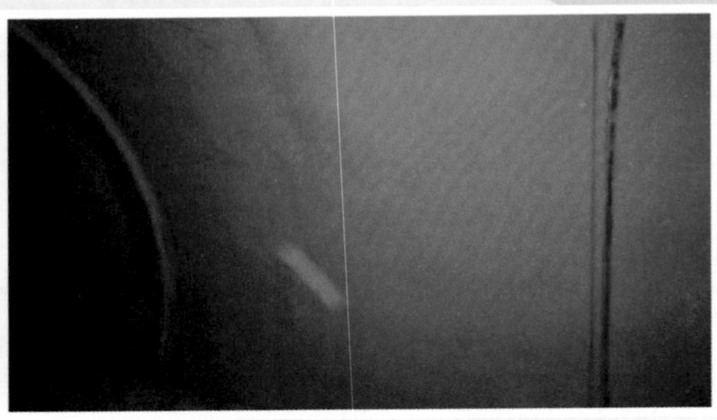

图 1-7　给水管道内防护

3. 检查井水害防护

检查井砌筑和预制时，砂浆和混凝土掺配高性能水泥激发剂，将管道混凝土的抗渗性能提高到 P30，以应对极端天气。预制检查井水害防护，如图 1-8 所示。

图 1-8　预制检查井水害防护

4. 管道流态成岩土回填防护

管道周围采用预拌流态成岩土回填，能确保管道周围灌填密实，管道稳固而不产生沉降、偏移。即使管道渗漏，有流态成岩土的抗渗性能，污水也不会轻易渗入土层而造成污染，管周流态成岩土回填如图 1-9 所示。

图 1-9 管周流态成岩土回填

2 建筑水害治理

A

2.1 屋面渗漏治理

屋面又分为平屋面和坡屋面。

1. 平屋面渗漏治理

平屋面产生渗漏时，可采用以下三种方法治理：

（1）将原屋面结构基面处理后，整体扫涂改性聚脲防水涂料，防止开裂，如图 2-1 所示。

图 2-1　扫涂聚脲防水涂料

（2）在屋面上采用冗余防水黏结料粘贴冗余防水卷材，卷材不搭接、不翻边，接缝和收口采用可呼吸型冗余聚合物防水涂料涂刷，确保保温层内的水蒸气可以逸出，同时外部雨水不会进入保温层，如图 2-2 所示。

（3）当屋面外露卷材空脱、搭接开裂时，可采用蠕变型防水密封涂料粘贴修复，如图 2-3 所示。

图 2-2　屋面上粘贴冗余防水卷材

图 2-3　蠕变型防水密封涂料粘贴修复

2. 坡屋面渗漏治理

坡屋面产生渗漏时，可采用以下两种方法治理：

（1）在坡瓦屋面上整体喷涂聚脲防水涂料，如图 2-4 所示。

图 2-4　坡瓦屋面喷涂聚脲防水涂料

（2）在室内斜面上进行基面处理后，整体喷涂冗余内防水浆料密封，如图 2-5 所示。

图 2-5 在室内斜面上喷涂冗余内防水浆料

3. 屋面烟道、柱头根部渗漏治理

屋面烟道、柱头根部产生渗漏时，将烟道、柱头根部周围的保护层和保温层挖除至楼板原结构面做基面处理，涂刷特种耐候防水涂料，经整体粘贴冗余防水卷材密封后，进行屋面恢复，如图 2-6 所示。

图 2-6 屋面烟道、柱头根部渗漏治理

4. 屋面排水天沟、女儿墙渗漏治理

屋面排水天沟、女儿墙发生渗漏时，先切割、拆除屋面排

水天沟、女儿墙的卷材和保温层至楼板结构基面，清理后，在天沟基面翻边至女儿墙的顶面，然后整体涂刷耐候性冗余聚合物双组分涂料，女儿墙外侧墙面涂刷无色透明的渗透结晶防水剂，如图 2-7 所示。

图 2-7　屋面排水天沟、女儿墙渗漏治理

2.2　外墙渗漏治理

外墙发生渗漏时，在室内拆除抹灰砂浆层，采用特种防水抗渗浆料喷浆做抗渗治理；室外需在外墙砂浆或瓷砖面喷涂硅烷防水剂治理，如图 2-8 所示。

图 2-8　外墙渗漏治理

2.3 窗口渗漏治理

窗口产生渗漏时，在窗框四周开槽，采用弹性材料填实，再涂刷特种耐候防水涂料密封，如图 2-9 所示。

图 2-9 窗口渗漏治理

2.4 卫浴间渗漏治理

卫浴间产生渗漏时，迎水面先封闭地漏，然后向瓷砖缝浸泡液体渗透结晶防水剂；背水面采用特种防水抗渗浆料进行喷浆做抗渗处理，如图 2-10 所示。

图 2-10 卫浴间渗漏治理

2.5 地下空间渗漏治理

1. 地下底板渗漏治理

地下底板上浮应先进行抗浮处理，再采用水中不分散灌浆料和丙烯酸酯树脂进行复合帷幕灌浆综合治理，如图 2-11 所示。

图 2-11　车库底板后浇带渗漏治理

2. 地下侧墙渗漏治理

（1）混凝土结构产生渗漏时，先沿结构渗漏裂缝、施工缝开槽，在基面处理后采用特种防水抗渗浆料进行喷浆抗渗，24 小时后，如有局部漏点，可采用莱卡树脂进行注浆止漏，再涂刷裂缝渗漏一涂灵密封，如图 2-12 所示。

图 2-12　地下侧墙结构裂缝渗漏治理

（2）砌体结构产生渗漏时，先凿除砂浆层至原砌体，在基面处理后采用特种防水抗渗浆料进行喷浆抗渗，24 小时后，可采用丙烯酸酯树脂进行迎水面帷幕注浆，再涂刷冗余内防水浆料密封，如图 2-13 所示。

图 2-13 砌体结构渗漏治理

（3）穿墙管周产生渗漏时，在管周开槽、基面处理后，采用特种防水抗渗浆料进行喷浆抗渗；局部压力渗漏可钻孔注射莱卡树脂止漏后涂刷冗余内防水浆料密封，如图 2-14 所示。

图 2-14 穿墙管周渗漏治理

（4）车库侧墙大面积潮湿时，在基面处理后采用特种防水抗渗浆料进行喷浆抗渗，24 小时后，可采用丙烯酸酯树脂进行迎水面帷幕注浆，再涂刷冗余内防水浆料密封，如图 2-15 所示。

图 2-15 车库侧墙大面积潮湿治理

3. 车库顶板渗漏治理

车库顶板裂缝渗漏时，先沿渗漏裂缝、施工缝开槽，在基面处理后采用特种防水抗渗浆料进行喷浆抗渗，24 小时后，如有局部漏点，可采用莱卡树脂进行注浆止漏，再涂刷裂缝渗漏一涂灵密封，如图 2-16 所示。

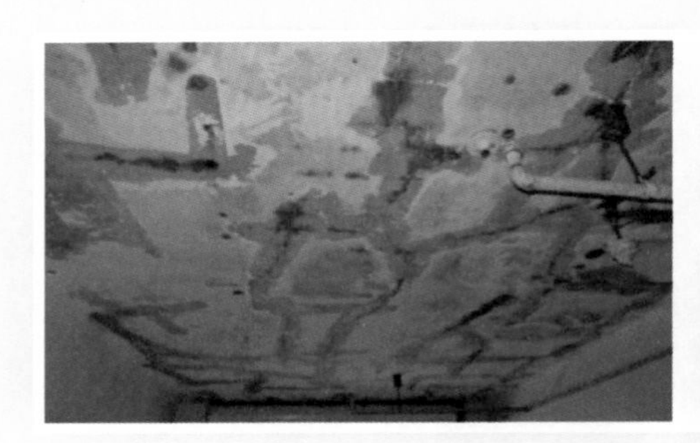

图 2-16 车库顶板裂缝渗漏治理

4. 地下建筑变形缝渗漏密封修复

地下建筑变形缝渗漏时，需距离变形缝两侧 5 ~ 15cm，按孔距 0.5m 钻 45° 斜孔至原橡胶止水带迎水面，安装止水针头并注入弹性密封材料以修复止水带功能，如图 2-17 所示。

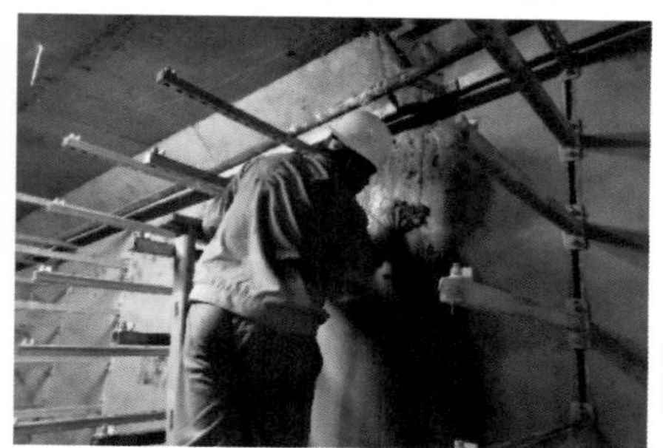

图 2-17 地下建筑变形缝密封修复

5. 地下建筑外围土基塌陷治理

车库外墙土基塌陷后，在侧墙迎水面清理修复防水层后，采用土壤成岩技术回填碾压固化恢复土基，如图 2-18 所示。

图 2-18 车库外墙土基塌陷治理

6. 地下空腔回填加固

地下产生空腔时，采用流态成岩土进行空腔回填加固，形成抗压强度 3 ~ 10MPa，抗渗 3 ~ 6bar 的不收缩固体，与周边结构紧密连接，从而避免周边的建筑物发生倾斜、沉降、塌陷等病害，如图 2-19 所示。

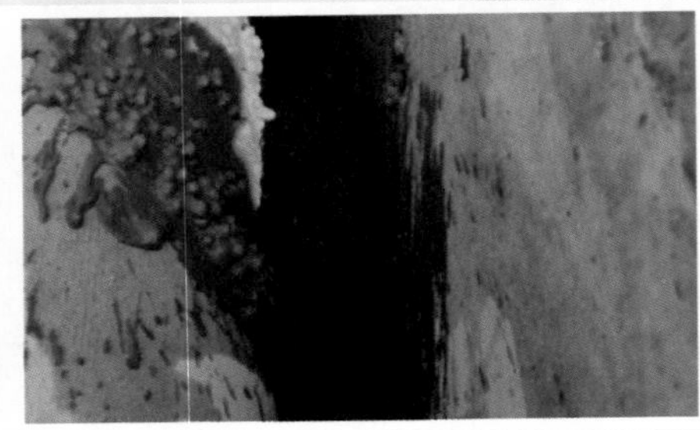

图 2-19　地下空腔回填加固

3 建筑水害防护

3.1 屋面防水

1. 平屋面防水

平屋面防水施工主要采用以结构冗余自防水为主、柔性防水为辅的设计理念，保温层上用轻质尾矿粉球形骨料施工，使混凝土屋面抗渗等级达 P30（掺配 P30 水泥激发剂，用量为水泥的 0.8%），屋面再涂刷改性聚合物防水涂料，如图 3-1 所示。

图 3-1 平屋面防水施工

2. 坡屋面防水

坡屋面防水施工先浇捣 P30 抗渗混凝土，在基面处理后，采用冗余防水型黏结剂粘贴冗余防水卷材，如图 3-2 所示。

图 3-2　坡屋面防水施工

3.2　外墙防水

1. 外墙防水抗渗砂浆

外墙防水施工可在砖面上采用抗渗等级为 P30 的防水砂浆抹面压实，如图 3-3 所示。

图 3-3　外墙防水施工

2. 外墙渗透涂膜防水

在外墙砂浆基面上滚刷冗余改性聚合物防水涂料，一次施工形成渗透防水和膜防水两道防水层，确保表层被破坏也不会漏水，更不会窜水，提高防水的可靠性和耐久性，如图 3-4 所示。

图 3-4 外墙渗透涂膜防水施工

3.3 厨、卫间防水

厨、卫间防水施工时，下沉空间采用轻质尾矿粉陶粒和掺配 P30 水泥激发剂的混凝土搅拌填充压实，基面涂刷冗余改性聚合物防水涂料，一次施工形成渗透防水和膜防水两道防水层，确保表层被破坏也不会漏水，更不会窜水，提高防水的可靠性和耐久性，如图 3-5 所示。

图 3-5 厨、卫间防水施工

3.4 地下车库防水

1. 地下车库底板防水

地下车库底板防水施工分为以下三部分：

（1）就地取土，在原土或淤泥中加入土壤成岩剂，形成抗压强度 8MPa、抗渗压力 5bar 的成岩土，施工形成垫层，如图 3-6 所示。

图 3-6 成岩土垫层

（2）在垫层上浇筑 P30 混凝土后覆膜养护（筏板混凝土内加入水泥量 0.8% 的 P30 水泥激发剂），如图 3-7 所示。

图 3-7 浇筑 P30 混凝土及覆膜养护

（3）P30 混凝土找平层终凝前，撒成岩地坪骨料，压平抛光，如图 3-8 所示。

图 3-8 成岩地坪

2. 地下车库剪力墙防水

地下车库的剪力墙浇筑时，混凝土内加入 P30 水泥激发剂，可取消止水钢板，并在迎水面涂刷冗余改性聚合物防水涂料，如图 3-9 所示。

图 3-9 剪力墙结构自防水 + 外防水

3. 地下车库顶板防水

地下车库顶板防水施工需浇筑 P30 混凝土，基面涂刷结构自防水 + 耐根穿刺防水浆料，可取代柔性卷材和耐根穿刺卷材，如图 3-10 所示。

图 3-10　地下车库顶板防水施工

3.5　地下车库基槽的密封回填

在基槽内最底部用流态成岩土浇筑 50cm 厚度，经过 10 小时终凝后，用普通土填充紧实，最后用流态成岩土浇筑 50cm 厚度，如图 3-11 所示。

图 3-11　流态成岩土基槽回填

4 道路维修与防护

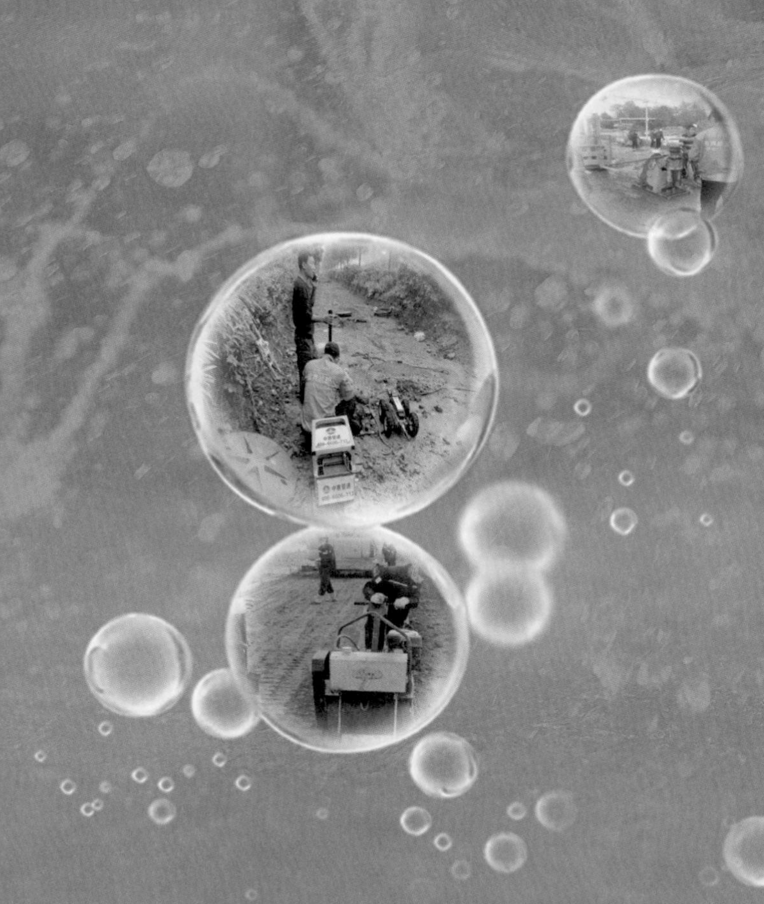

中赛管道
400-6606-713
中赛管道
400-6606-713

4.1 道路维修

1. 路基沉降塌陷维修

路基沉降塌陷维修方案主要有三种：流态成岩土灌注；P30水泥砂浆灌注；成岩土填充、压实（图 4-1）。

图 4-1　路基沉降塌陷治理

2. 道路冻害维修

混凝土路面冻害维修时，铣刨、清洗基面后，采用早强抗渗浆料抹平，24 小时达到 20MPa，48 小时达到 40MPa；防撞栏结构腐蚀治理，用防腐抗渗浆料进行喷涂，如图 4-2 所示。

图 4-2　道路冻害、腐蚀治理

4.2　道路边坡维修

被水毁的道路坡面经修整后采用土壤成岩技术锚、喷加固，再采用植纤土喷播技术可恢复坡面绿化，如图 4-3 所示。

图 4-3　边坡土壤成岩、绿植喷播治理

4.3　新建道路路基防护

市政新建道路路基采用成岩土做垫层，或加入适量的尾矿球形骨料，可增加强度，如图 4-4 所示。

图 4-4 成岩土路基施工

4.4 园区内部道路防护

为避免雨水进入园区内引发路面沉降，园区内回填垫层采用成岩土压实施工处理，如图 4-5 所示。

图 4-5 成岩土垫层施工

园区内部施工路基采用土壤成岩技术进行现场硬化施工，在淤泥弹簧土上直接均匀铺撒土壤成岩剂后使用旋挖机搅拌均匀。施工完成 10 小时后强度即满足需求，大幅缩短工期，如图 4-6 所示。

图 4-6　土壤成岩技术路基硬化施工

5 水利工程水害治理与防护

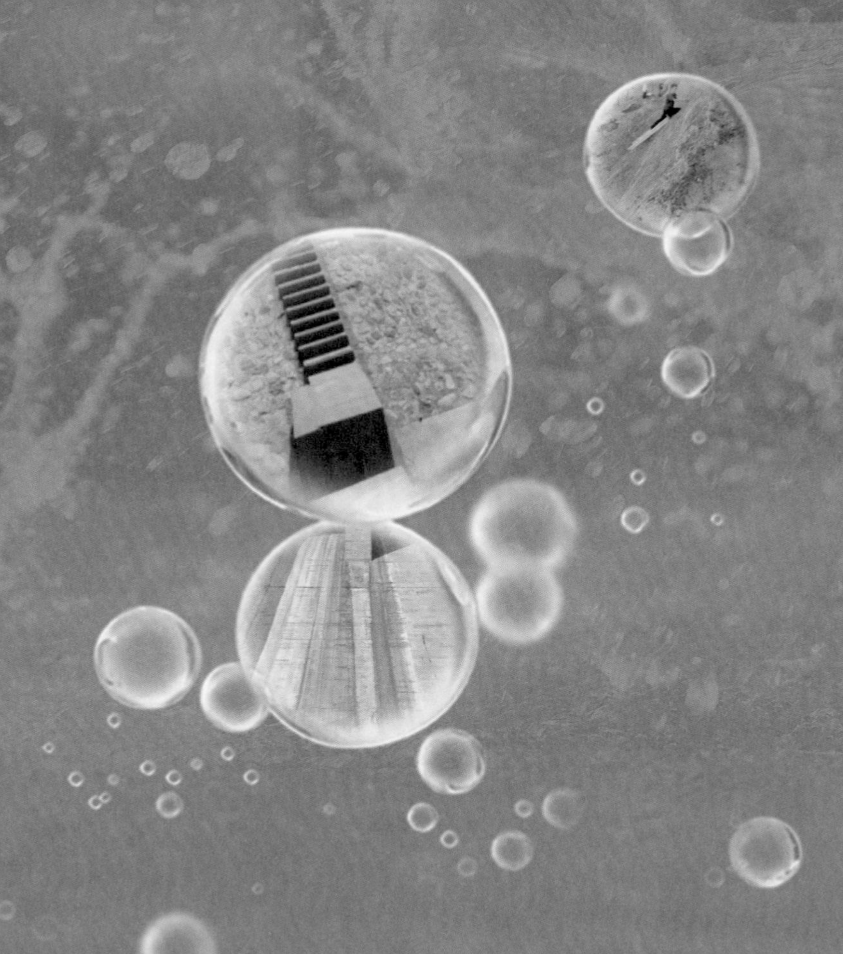

5.1 混凝土大坝裂缝渗漏治理

在混凝土大坝堵漏除险后，植筋并浇筑 P30 混凝土进行结构加固，如图 5-1 所示。

图 5-1 混凝土大坝裂缝渗漏治理

5.2 水库混凝土排水沟冻害治理

混凝土排水沟经过基面处理后，采用改性聚合物防水涂料进行全面涂刷，提高其抗渗性，防止水汽进入混凝土内部，达到防治冻害的目的，如图 5-2 所示。

图 5-2 水库混凝土排水沟冻害治理

5.3 水库混凝土泄洪道冲蚀治理

将新、旧混凝土泄洪道基面处理后，采用无机抗渗耐磨加固浆料均匀涂装，厚度达到 2 ~ 5cm，待终凝后，在基面喷洒冗余无色透明防水密封剂渗透防护，如图 5-3 所示。

图 5-3 水库混凝土泄洪道冲蚀治理

5.4 沟渠土壤成岩固化护坡

在沟渠边坡植锚杆，挂网，喷涂土壤成岩剂，提高土体抗渗性，可防止水土流失，形成沟渠土壤成岩固化护坡，如图 5-4 所示。

图 5-4 沟渠土壤成岩固化护坡

5.5 输水河床混凝土面板抗冻防护

混凝土面板新基面、碳化基面经过打磨处理后，采用无色透明冗余防水剂喷涂在混凝土基面上，阻塞结构毛细渗透通道，能有效阻止水汽进入混凝土内部，起到抗冻防碳化的作用，如图 5-5 所示。

图 5-5 输水河床混凝土面板抗冻防碳化处理

5.6 新建水利工程防护

新建水利工程河堤、河床和边坡土体采用成岩土固化，提高其强度和抗渗性，结构混凝土采用 P30 抗渗设计，达到高强度和高抗渗性，有效避免后期不良环境条件造成的灾害。

在种植区域内应挖除 100cm 厚度的土，底部 50cm 厚度用成岩土夯实，阻止雨水进入山体，然后恢复 50cm 的种植土；设置反向排水沟，让水远离坡面排走，尽量减少雨水对边坡附近的浸泡。

6 隧道水害治理

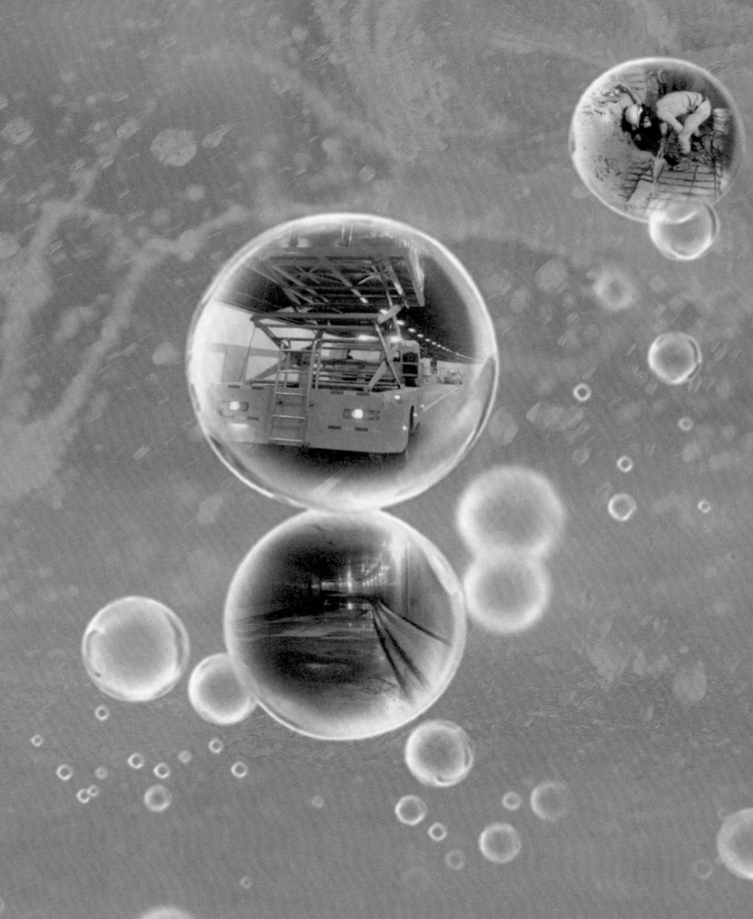

6.1 地铁隧道涌漏治理

地铁隧道变形缝等处的涌漏，需钻孔至岩土层，采用水中不分散无机灌浆料和帷幕防水灌浆料对涌漏部位进行复合帷幕灌浆堵漏加固治理，如图 6-1 所示。

图 6-1 地铁隧道涌漏治理

6.2 公路隧道渗漏治理

公路隧道产生渗漏时，在隧道排水沟迎、背水面沿渗漏缺陷部位采用特种防水抗渗浆料进行喷浆抗渗治理，如图 6-2 所示。

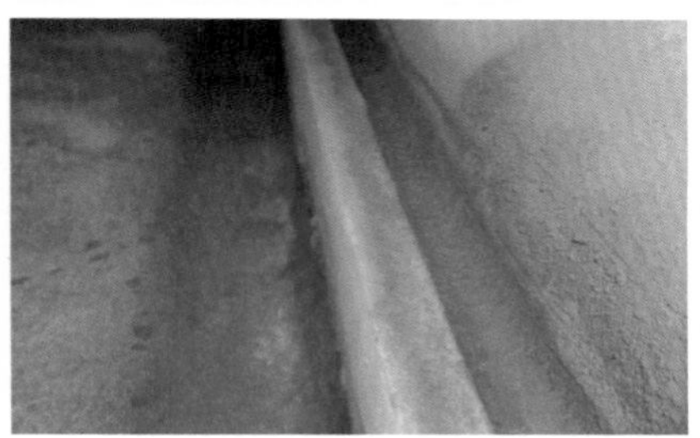

图 6-2 公路隧道渗漏治理

6.3 交接带涌漏治理

隧道大小基坑交接带涌漏，植筋降水后采用闪凝浆料进行封固止漏，再采用抗渗 P30 混凝土进行浇筑，可达到水害治理与防护效果，如图 6-3 所示。

图 6-3 交接带涌漏治理

7 桥梁修复与防护

7.1 桥梁裂缝修复

桥梁产生裂缝，可利用空气压力将环氧浆液灌注到桥梁裂缝深处修补加固，处理宽度在 0.15mm 以上的裂缝，以达到封闭裂缝，恢复桥梁混凝土结构整体性、延长耐久性和提高抗渗的目的，如图 7-1 所示。

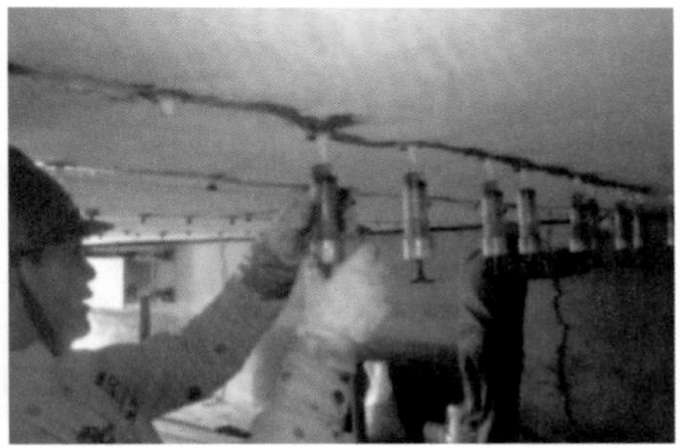

图 7-1 桥梁裂缝治理

7.2 桥墩缺陷修复

在桥墩基面处理后，采用防腐抗渗浆料进行喷浆修复，以达到高度密实，恢复混凝土结构整体性、延长耐久性和提高抗渗的目的，如图 7-2 所示。

图 7-2　桥墩缺陷修复治理

7.3　桥面防护

桥面基面处理后，采用改性沥青防水涂料整体防护施工，达到桥面防护效果，如图 7-3 所示。

图 7-3　桥面防护

8 水池渗漏治理与防护

SOLEVIA
排水抢
Emergency Drai

8.1 污水池、导流渠渗漏治理

污水池结构渗漏可采用闪凝浆料固结基面，安装导流管，通过导流管灌浆止漏，如图 8-1 所示。

图 8-1 污水池渗漏治理

导流渠结构水蚀、渗漏可采用闪凝浆料补强基面，整体采用特种防水抗渗浆料进行喷抹修复，如图 8-2 所示。

图 8-2 导流渠修复治理

8.2 消防水池防护

消防水池的池壁和池底基面处理后，整体滚涂渗透型聚合物防水涂料进行防水防护，如图 8-3 所示。

图 8-3 消防水池防水防护

9 抗洪救灾

9.1 捐助救灾

河南郑州“7 · 20”特大暴雨灾害对基础设施造成了严重的破坏，水毁实况如图 9-1 所示。

图 9-1 水毁实况

郑州赛诺建材有限公司捐献生活物资和水稳抢险应急材料土壤成岩剂，参与救灾行动，如图 9-2 所示。

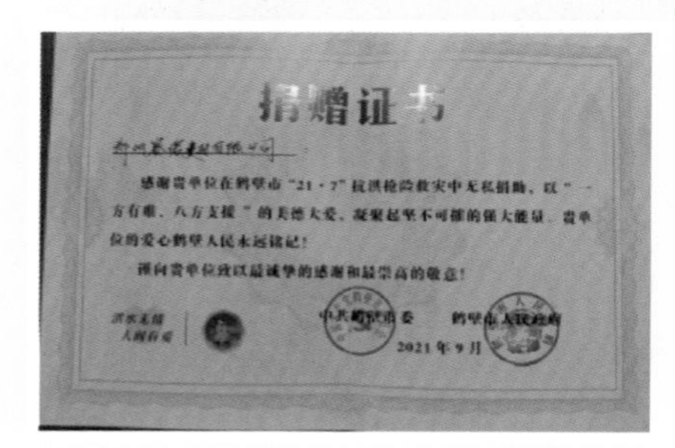

捐赠证书

郑州赛诺建材有限公司

感谢贵单位在鹤壁市“21·7”抗洪抢险救灾中无私捐助，以“一方有难、八方支援”的美德大爱，凝聚起坚不可摧的强大能量，贵单位的爱心鹤壁人民永远铭记！

谨向贵单位致以最诚挚的感谢和最崇高的敬意！

洪水无情 人间有爱

中共鹤壁市委　鹤壁市人民政府

2021年9月

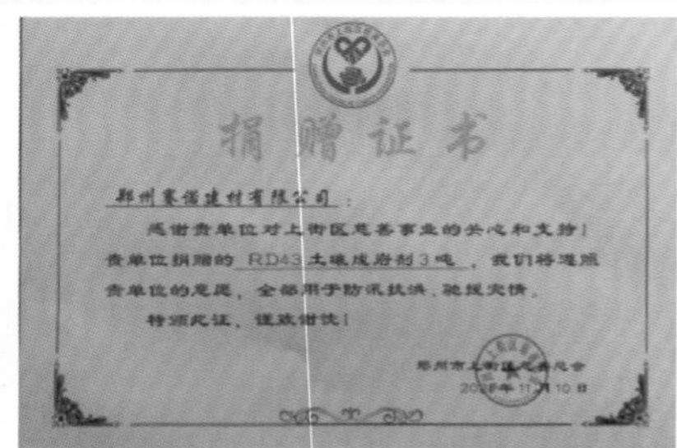

捐赠证书

郑州赛诺建材有限公司：

感谢贵单位对上街区慈善事业的关心和支持！贵单位捐赠的RD43土壤成岩剂3吨，我们将遵照贵单位的意愿，全部用于防汛抗洪、驰援灾情。

特颁此证，谨致谢忱！

郑州市上街区慈善总会

20[illegible]年11月10日

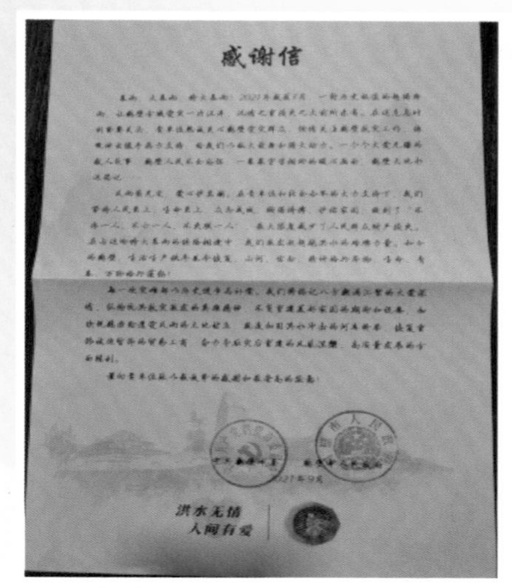

感谢信

洪水无情
人间有爱

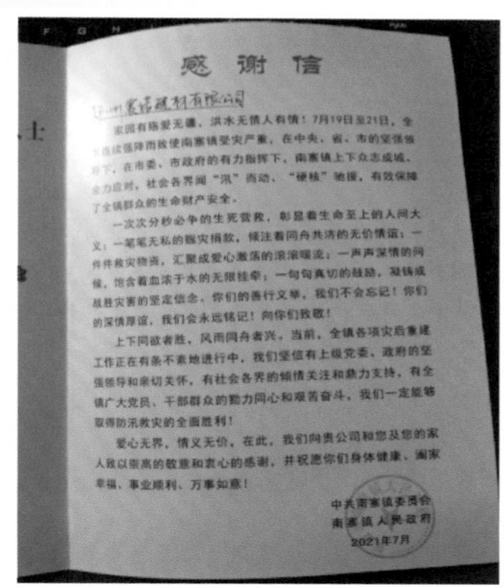

感谢信

郑州赛诺建材有限公司

家园有殇爱无疆，洪水无情人有情！7月19日至21日，全[illegible]连续强降雨致使南寨镇受灾严重，在中央、省、市的坚强领导下，在市委、市政府的有力指挥下，南寨镇上下众志成城、全力应对，社会各界闻“汛”而动、“硬核”驰援，有效保障了全镇群众的生命财产安全。

一次次分秒必争的生死营救，彰显着生命至上的人间大义；一笔笔无私的赈灾捐款，倾注着同舟共济的无价情谊；一件件救灾物资，汇聚成爱心激荡的滚滚暖流；一声声深情的问候，饱含着血浓于水的无限挂牵；一句句真切的鼓励，凝铸成战胜灾害的坚定信念。你们的善行义举，我们不会忘记！你们的深情厚谊，我们会永远铭记！向你们致敬！

上下同欲者胜，风雨同舟者兴。当前，全镇各项灾后重建工作正在有条不紊地进行中，我们坚信有上级党委、政府的坚强领导和亲切关怀，有社会各界的倾情关注和鼎力支持，有全镇广大党员、干部群众的勠力同心和艰苦奋斗，我们一定能够取得防汛救灾的全面胜利！

爱心无界，情义无价。在此，我们向贵公司和您及您的家人致以崇高的敬意和衷心的感谢，并祝愿你们身体健康、阖家幸福、事业顺利、万事如意！

中共南寨镇委员会
南寨镇人民政府
2021年7月

图 9-2 救灾物资捐赠

9.2 协同救援

郑州赛诺建材有限公司组织并投入无人机、清淤车等机具，先后派出多批专业团队奔赴新乡、鹤壁、新密等重灾区协同相关救援队抢险救灾，如图 9-3 所示。

图 9-3　专业团队携带无人机、清淤车投入救援

10 灾后重建与生态修复

SANY

10.1 灾后重建

郑州赛诺建材有限公司组织人力投入灾后重建工作，为灾后重建提供材料、技术支持。例如，应用土壤成岩技术将建筑项目从灾后“泥淖”中解救出来，如图 10-1 所示。

图 10-1　灾后重建

10.2 边坡治理

灾后地区的流域边坡治理，就地以土为材料，应用土壤成岩技术将普通土壤强度提高到 10 ~ 30MPa，抗渗性能提高 50 倍，配套喷播复绿技术进行边坡生态治理修复，如图 10-2 所示。

图 10-2 生态治理修复

10.3 地下管网检测

灾后地区的地下雨、污管网采用 QV 检测仪、CCTV 检测机器人进行检测、清淤、疏通，如图 10-3 所示。

图 10-3　地下管网检测

11 工程建设新产品、新技术

不忘初心 牢记使命
壤成岩剂 支持家乡灾后重建

11.1 土壤成岩技术

土壤成岩技术是在施工现场就地取普通土壤，按比例掺配P·O 42.5硅酸盐水泥、土壤成岩剂、水，能将土壤强度提高至5～30MPa、抗渗性能提高50倍的技术。采用搅拌、喷浆、回填灌浆、摊铺、浇筑、批抹等常用工法利用机具施工，广泛应用于抗洪应急抢险、乡土景观道路、土体护坡、基坑支护、基础垫层、农田水利设施建设，也可用于美丽乡村、民宿改造、流态土回填、水利工程等建设领域。

成岩材料采用注入、预混合、喷浆、吸附处理等技术工艺，在整体固结过程中，先固化的颗粒成为粗填料，粗填料周围后固化的为细骨料，逐渐密实、固化，形成具备一定的抗渗性能的固结体，可降低地下水位线，缓解地层、地表水对建筑物的渗透，用于露天体育场、飞机跑道、汽车及火车道路、运河水渠、池塘等建筑中已潮湿或已被水浸透部位的修复；以及地下、地表建筑结构的防渗工程，例如洞穴、隧道、井、道路等。

1. 土壤成岩剂

土壤成岩剂主要成分为无机矿物材料，是住房城乡建设部工程建设推荐产品（图11-1），材料性状为灰色粉状，密度为1300kg/m^3；相对密度2.16；pH为9～11。其添加量仅为水泥等胶凝材料质量的2%～5%，可有效改善土壤的密实结构，在同水泥等胶凝材料复合使用时，达到对土壤增密补强的效果。土壤成岩剂广泛应用于需要提高强度、密实度、抗渗性能及增强固结性、抗压强度的各种土壤中，可根据需要调配拌和物的抗渗等级，还可作为碎裂混凝土结构的压实剂和浸水土壤的增稠剂，增强注入性建筑结构的稳固性，增加抗压强度高达 40%；增强土壤、混凝土、砖石结构的抗渗性；稳固填充治理田野、路基、水岸、污水坑、地基基础、市政回填、渣土泥浆等含水率高的土壤、岩石裂隙空腔、流砂体，防止形成水土流失、山体滑坡、泥石流、土体沉降、塌陷等地质灾害。

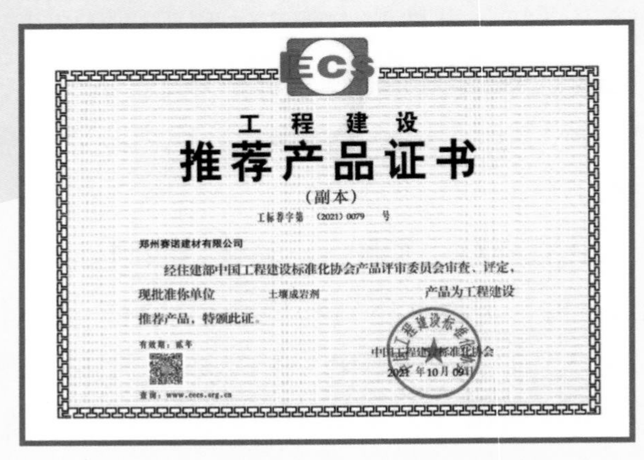
ECS

工 程 建 设

推荐产品证书

（副本）

工标荐字第 （2021）0079 号

郑州赛诺建材有限公司

经住建部中国工程建设标准化协会产品评审委员会审查、评定，现批准你单位 土壤成岩剂 产品为工程建设推荐产品，特颁此证。

有效期：贰年

查询：www.cecs.org.cn

中国工程建设标准化协会

2021 年10月 09日

图 11-1　土壤成岩剂工程建设推荐产品证书

2. 土壤成岩材料基本配合比

土壤成岩材料基本配合比见表 11-1。

表 11-1　土壤成岩材料基本配合比

材料	掺入量
土壤	1m³
土壤成岩剂	1 ~ 10kg
P · O 42.5 硅酸盐水泥	50 ~ 300kg
水灰比	0.35 ~ 0.45（可根据土壤干湿程度适当调整）

3. 土壤成岩技术综合应用

采用特殊设备将土壤从地下取出后，经过地面机械破碎、筛分、预拌，形成预拌流态成岩土浆，同时将预拌流态土浆液灌入或压入孔中形成预拌流态成岩土桩，作为复合地基的增强体使用，或作为固化流塑状土体使用，也可形成预拌流态成岩土桩墙结构。采用该工艺施工的预拌流态成岩土桩，具有拌制均匀、强度高、固化剂利用率高等特点，也可作为换填材料进行地基换填（图 11-2）。

图 11-2　应用土壤成岩技术应用于灾后建筑项目中

成岩土由于具有类似于混凝土的工作性能，能作为施工垫层材料使用，也可以作为固化地面使用（图 11-3）。

图 11-3　成岩土垫层应用

成岩土可作为市政道路或者施工道路的基层材料使用，具有压密性，在施工时采用大型机械进行碾压处理（图 11-4）。

图 11-4　成岩土路基施工应用

深基础施工完成后肥槽部位的回填一直是施工的控制重点和难点，采用预拌流态成岩土，利用其流动性和强度可将该问题解决（图 11-5）。

图 11-5　流态成岩土肥槽回填应用

预拌流态成岩土还可以用于矿坑和地下采空区及水害沉降、塌陷区的灌注、回填（图 11-6）。

图 11-6 车库外墙肥槽塌陷治理

预拌流态成岩土具有强度高和适于泵送施工的流动性，施工速度快，形成的预拌流态固化土强度高，质量可控，成本低，适用范围广泛，环境友好，是性价比非常高的施工材料。通过喷浆、喷播等技术，广泛应用于裸露矿山修复（图 11-7），公路边坡绿化，河道边坡绿化，岩土地质稳固，固废覆绿处理等领域（图 11-8）。

图 11-7 公园山体预拌流态成岩土喷浆护壁

图 11-8 边坡土壤成岩、绿植喷播治理

11.2 冗余 P30 混凝土结构自防水系统

冗余 P30 混凝土结构自防水系统（P30 系统）是通过先进的水泥激发剂和现场技术服务，最大程度地实现混凝土的结构自防水，使建筑防水与结构同寿命，广泛应用于工业、民用、公共、水利、军工等混凝土现浇和预制建（构）筑工程领域。

1. P30 水泥激发剂

P30 水泥激发剂是住房城乡建设部工程建设推荐产品（图 11-9），能促使混凝土中水泥彻底水化，激发水泥活性，有效改善新拌混凝土工作性能、混凝土硬化后的力学性能及变形性能，提高混凝土极限拉伸值，降低早期收缩及孔隙率，提高混凝土抗渗性能。

CECS

工程建设

推荐产品证书

（副本）

工标荐字第 （2021）0082 号

郑州赛诺建材有限公司

经住建部中国工程建设标准化协会产品评审委员会审查、评定，现批准你单位 P30水泥激发剂 产品为工程建设推荐产品，特颁此证。

有效期：贰年

查询：www.cecs.org.cn

中国工程建设标准化协会

2021 年10月19日

图 11-9 P30 水泥激发剂获“工程建设推荐产品证书”

配制抗裂防水混凝土时，将 P30 水泥激发剂与拌和水一并加入搅拌釜搅拌，加入水泥用量 0.8% 的 P30 水泥激发剂，混凝土的抗渗等级不小于 P30。

在加入 P30 水泥激发剂后离子会活跃起来，水泥表面会发生针对不溶于水泥的物质（其中也包括许多常用的水泥修补剂、缓凝剂和促凝剂）的氧化反应。对于掺入 P30 水泥激发剂的水泥无须再掺和其他外加剂，再使用其他修补剂会导致化学物质被破坏且变得无效。

P30 水泥激发剂具有如下优点：

（1）由于一部分热量被用于氧化反应，放热反应产生的热量排放降低约一半；

（2）由水泥核心至表面生成的毛细孔所占空间更小，反应也更温和；

（3）氧化反应使得收缩率降低约一半；

（4）金属氧化反应使得导电性提升；

（5）水泥会变得像高铝水泥一样具有抗腐蚀性、抗压强度、防水性和抗磨性。

同类技术在几种外加剂复合使用时，外加剂的品种需根据工程设计和施工要求选择。要注意不同品种外加剂之间的相容性及对混凝土性能的影响。使用前应进行试验，满足要求后，方可使用。

2. P30 系统的革命性

冗余 P30 混凝土结构自防水系统可以取消止水钢板、取消整体性的外包柔性防水、取消耐根穿刺卷材、取消保护层、带水作业施工、包容其他工序的失误，具有裂纹自动闭合性，解决渗漏，耐久性好，减少人工成本，缩短工期，降低后期维护费用，维护商誉，降低工程总造价等革命性特点（图 11-10）。

图 11-10　剪力墙浇筑时，混凝土内加入 P30 水泥激发剂，取消了止水钢板

3. P30 系统的先进性

P30 水泥激发剂加入水泥中，加水发生系列化学反应，20 分钟内将普通水泥颗粒直径从 40 ～ 60μm 水化为 5 ～ 10μm 粒径，从而将普通混凝土改善为高性能活性混凝土。即使混凝土产生微细裂纹，其具备的自动闭合性能也可将裂纹自动修复，不会产生漏水，减少后期人工维护费用（图 11-11）。

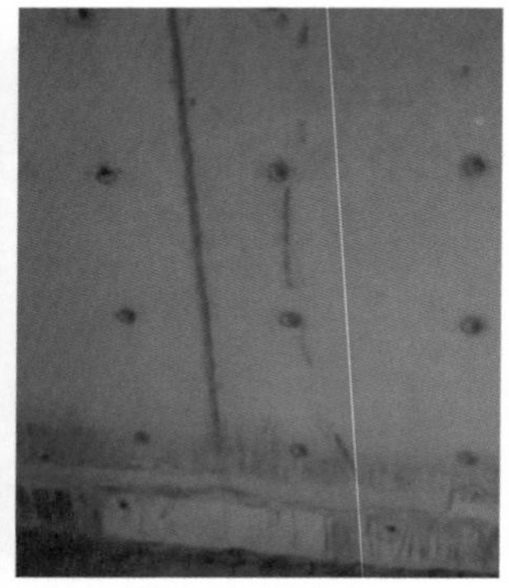

图 11-11　地下室侧墙裂缝自修复前后对比

4.P30 系统的技术应用

P30 系统中混凝土使用的 P30 水泥激发剂在商品混凝土生产过程中按设计配合比（水泥用量的 0.8%）加入，整体采用现浇混凝土自防水技术，无须大量的防水施工人员及施工时间，使建筑结构防水施工变得简单易行。其适用于混凝土、砂浆结构，包括地上和地下、水下等混凝土建（构）筑物，广泛应用于民用建筑、公共节能建筑、工业建筑、水利、军事等工程。

11.3 冗余内防水抗渗技术

“冗余”理念是指设计防水抗渗系统时，必须在最恶劣处设防，只有这样当出现最不利工况时结果仍然可靠，才能大大提高防水系统的安全性。冗余内防水抗渗技术就是在这样的理念下产生的，通过喷涂抗渗工法，将 YYA 特种内（背水面）防水抗渗加固浆料进行一次喷涂，达到抗渗和加固的目的，实现“冗余”设计理念。

1. YYA 特种内（背水面）防水抗渗加固浆料

YYA 特种内（背水面）防水抗渗加固浆料是住房城乡建设部工程建设推荐产品（图 11-12），主要成分为高性能水泥、细骨料、激发剂及微量胶粉配成的灰色粉末，遇水后产生化学反应，使水泥颗粒分解，水泥中的金属元素发挥效用，使水泥颗粒完全水化，并达到水泥的最大利用效能。通过喷浆抗渗工法施工，达到高密度、高抗渗性、高黏结强度等特点。

工程建设

推荐产品证书

（副本）

工标荐字第 （2021）0085 号

郑州赛诺建材有限公司

经住建部中国工程建设标准化协会产品评审委员会审查、评定，现批准你单位 YYA特种内（背水面）防水抗渗加固浆料 产品为工程建设推荐产品，特颁此证。

有效期：贰年

查询：www.cecs.org.cn

中国工程建设标准化协会

2021 年10月29日

图 11-12　YYA 特种内（背水面）防水抗渗加固浆料获“工程建设推荐产品证书”

2. 喷浆抗渗工法

通过模拟传统施工工艺中五层抹面法的技术原理，采用喷涂设备，利用压缩空气为动力，将 YYA 特种内（背水面）防水抗渗加固浆料进行多遍均匀雾化喷射。在叠加压力的作用下，粘附渗透至结构毛孔，后一遍的喷涂层反复封闭截断前一遍喷涂层上的渗水孔隙，形成一道高度密实且与结构基面紧密黏结的高抗渗性防水涂层。

3. 喷浆抗渗工法特点

喷浆抗渗工法中各种成分与水互相发生反应，经过施工后，具有多重防水抗渗的功能，强度高（7 天 C30 以上），耐高低温（-40 ~ 200℃），粘接力强（2.0MPa），抗渗压力达 1.8MPa，可耐 180m 水柱的压力，不起层，不开裂，耐紫外线，耐老化，抗冻，耐破坏，无缝施工可靠性高；采用高压喷浆施工，快速解决各种混凝土、砖混等砌体结构大面积渗水问题，效果耐久。具体有以下特点：

（1）优异的防水抗渗能力，实现多重防水抗渗效果；

（2）与混凝土砖石结构有超强的粘接能力，可带水作业，在复杂的背水面防水，能收到非常好的效果；

（3）高效率的高压喷涂技术，厚度均匀的无接缝施工，并且可根据施工需求调节材料的厚度，既适合做局部修复处理，也可以大面积施工；

（4）集防水、抗渗、修复、加固、保护为一体，一次施工即可完成，无须另做保护层，极高的抗压强度与抗折强度，可以承受较高的漏水压力并可有效增加建筑物的强度；

（5）耐高温，耐紫外线，抗冻，抗老化，整体寿命与混凝土接近；

（6）绿色环保产品，可以应用于食品工程和饮用水工程。

4. 喷浆抗渗工法应用

喷浆抗渗工法适用于混凝土、砂浆、砖石砌体结构，包括地上和地下、水下等建（构）筑物，如地下室、地下车库、人防、隧道、地铁、电缆沟、电梯井、电缆井、阀门井、水池、大坝、水利等各种工程中基层的抗渗、加固处理，如图 11-13 所示。

图 11-13　喷浆抗渗技术施工